U0161665

咱家，由小变大

［日］友波驱　著

李先民　范晓雅　译

中国纺织出版社有限公司

国家一级出版社
全国百佳图书出版单位

原文书名:「片づけなさい!」と言わずに家族が勝手に片づけるすごい方法

原作者名:カール友波

'KATADUKENASAI!' TO IWAZUNI KAZOKU GA KATTE NI

KATADUKERU SUGOI HOUHOU

Copyright © 2017 by Karl TONAMI

Illustrations by Chikako KAWASHIMA

Original Japanese edition published by PHP Institute, Inc.

This Simplified Chinese edition published by arrangement with

PHP Institute, Inc., through East West Culture & Media Co., Ltd.

本书中文简体版经 PHP Institute, In 授权,由中国纺织出版社有限公司独家
出版发行。本书内容未经出版者书面许可,不得以任何方式或任
何手段复制、转载或刊登。

著作权合同登记号:图字:01－2018－2983

图书在版编目 (CIP) 数据

  咱家，由小变大／（日）友波驱著；李先民,
范晓雅译. －－北京 ：中国纺织出版社有限公司,
2020. 4

  ISBN 978－7－5180－6964－4

  Ⅰ.①咱… Ⅱ.①友… ②李… ③范… Ⅲ.①家庭生
活—基本知识 Ⅳ.①TS976. 3

  中国版本图书馆 CIP 数据核字(2019)第 243299 号

责任编辑:闫　婷　　　　　责任校对:高　涵
责任设计:品欣排版　　　　责任印制:王艳丽

中国纺织出版社有限公司出版发行
地址:北京市朝阳区百子湾东里 A407 号楼 邮政编码:100124
销售电话:010－67004422　传真:010－87155801
中国纺织出版社天猫旗舰店
官方微博 http://weibo.com/2119887771
北京华联印刷有限公司印刷各地新华书店经销
2020 年 4 月第 1 版第 1 次印刷
开本:880×1230　1/32　印张:4.5
字数:53 千字　定价:49.80 元

凡购本书,如有缺页、倒页、脱页,由本社图书营销中心调换

即使自己一再整理收纳，依然凌乱。

家人也丝毫不帮忙收拾，无计可施。

家人把什么都交给你做，身心俱疲。

如果你整天过着忙于家务的生活，同时又苦于整理收纳带来的烦恼，那么本书将是你的正确选择。希望你能通过这本书，找到整理收纳的办法，告别繁杂无趣的生活。

目前，人们关于整理收纳的烦恼，主要集中于以下几个方面：物品太多、舍不得丢、难以收拾……诸如此类，"物品"被人们普遍认为是整理收纳难的罪魁祸首。

最近几年，关于整理收纳，人们往往会想到"精益求精""生活方式""对旧物的执念""与家人的相处"等关键词。毋庸置疑，这些思考将会给人们的居家生活带来复杂的影响。

不过别急，本书面向的人群，刚好是不擅长整理收纳的成年人！

本人整理收纳专业出身，迄今为止为很多家庭做了大量的整理收纳工作。

当然，在这之中，最为容易的，就是单身一族的房间。室内物品，该扔该留，是增是减，全凭自己的判断，因为只不过是他一个人使用的物品，所以整理收纳的工作还算轻巧。

不过，如果是一个几口之家，就没这么简单了。

　　丈夫孩子把脱掉的衣服直接丢在沙发上，很烦……

　　不知道自己为什么竟会买这么多的东西，很迷……

　　明明自己随手乱丢东西找不到却找我要，很难受……

　　总是一天接一天、一件接一件的麻烦事儿，很困扰……

　　不过，完全没关系。无论是孩子还是丈夫，都是会随着时间成长的。从家人能做的、自己想做的小事着手，不断尝试，鼓励家人一起整理收纳，那么你的生活一定会为之一变。

目　录

凌乱不堪【为何如此，如何是好】

分类整理【美好之家，始于分类】

第 3 章

规划收纳【潜移默化，影响全家】

第 **4** 章

制定规则【没有规矩，不成方圆】

第**5**章

读者来信【实际案例，实用对策】

第 **1** 章

凌乱不堪

【为何如此，如何是好】

1. 简单整理收纳
日常化

不知道你有没有过减肥瘦身的经历。如果有的话，也许你也曾想过要变瘦变美，并且严格地控制饮食、坚持运动。

不过，如果意志不坚定的话，你曾经的"严格执行"，久而久之，恐怕也难以为继。坚持不下去的时候，体重自然就会反弹。

整理收纳也是同样的道理。通过阅读相关书籍、杂志，你也许会学习到各种各样的整理收纳方法，想拥有完美的整理收纳和室内设计方案，但是，能不能持之以恒是关键问题，理想总是美好的，现实却总是很骨感。坚持不下去，同样收效甚微。

那么，为什么会这样说呢？

其原因就在于，比起简单的整理收纳，正确的整理收纳，才是解决问题的关键。

如果严格地控制饮食、坚持运动的话，那就一定会瘦。在某种程度上来讲，这一点并没有错。可这并非易事，所以想坚持下去的话，的确很难。

例如，如果我们给自己定一个小目标，每天只吃原来一半的饭量，每周三天散步半小时，那么我们就容易坚持下来，因为这样的小目标对我们而言并不困难。所以，问题的关键就在于，我们设定的目标，对自己来说是否适合，而不是对别人来说怎样，不要拿别人的标准来约束自己。

我们都知道，就整理收纳工作而言，如果我们能忍心丢弃一些物品，那么就能做得很好。不过，在实际生活中，却总会面临诸多困难。明明已经痛下决心丢弃一些物品，到头来却又于心不忍，或是遭到家人的反对，或是无力购买新的替代品。在这样的情况下，即使你知道该怎么做，却也无可奈何。

"分类整理，丢弃旧物，收纳安置，怎么哪件事都是我必须要做的"，如果我们每天都这样想，那么这种沉重的思想负担，反而会压得自己什么都不想做。如果自己什么都不做，那就更别指望家人来帮忙了。

 抛开思想负担，整理收纳的习惯就不会像体重一样反弹。

什么才是正确的整理收纳

▷ 不常用的物品要丢弃

▷ 不常穿的衣服要处理

▷ 衣服要收到衣橱里面

▷ 衣服要先叠好再收纳

▷ 衣服要挂在衣架上面

▷ 物品要放在合适位置

▷ 私人用品要分类放在衣柜的不同格子里面

什么才是简单的整理收纳

▷ 物品要先按照现在用得到和用不到进行分类

▷ 不能丢弃的物品要放在整理箱里

▷ 不易散落的物品要临时归置起来

▷ 不方便挂的物品要放进开放式收纳箱

▷ 比起它好不好看要优先考虑方不方便

▷ 要选用没有盖子的整理箱

▷ 要乐于向别人请教和求助。

2. 整理收纳类型知多少

来我这里听整理收纳讲座的人，主要可以分为两种类型：

①因为不擅长整理收纳所以想学习的人；

②因为喜欢整理收纳所以想做得更好的人。

经过细心倾听他们来学习的初衷，我发现，既有人觉得自己不擅长整理收纳而又想让家里变的干净整洁，也有人本来就喜欢整理收纳而且实际上也擅长于此。

而我呢，还不太一样。曾经，我常常问自己，明明自己是因为喜欢才做家里的整理收纳工作，可为什么就做不好呢？正是带着这样的问题，我一步一步地走上了整理收纳咨询师的工作之路。

对于整理收纳，你自己是喜欢还是讨厌呢，是擅长还是不擅长呢，家人又是什么样的情况呢？

我们可以按照喜不喜欢、擅不擅长这两条标准，将人群分为四类。因为不同类型的人，有不同的解决办法。所以，我们先来看看自己和家人分别属于哪种类型吧。

你属于哪种整理收纳类型呢？

请你和家人从下面的所有选项中选出所有相符的选项，相符项最多的一个就是你的整理收纳类型。

擅长

①

- ☐ 会经常阅读室内装饰杂志，收看整理收纳节目。
- ☐ 会选用颜色、形状相同的整理收纳用品。
- ☐ 会把用过的物品放回原处。
- ☐ 会把不用的物品果断丢弃。
- ☐ 会考虑能不能用得到而控制住自己的购买欲。
- ☐ 会在考虑再三并测量好尺寸之后再进行购买。
- ☐ 会省时省力地迅速找到自己想用的各种物品。
- ☐ 会制定计划，不会迟到。

③

- ☐ 会遵守学校和公司里的各项规章制度。
- ☐ 会因苦恼于无人收纳而决定自己动手。
- ☐ 会在做扫除之前把室内的障碍物挪开。
- ☐ 即使不尽完美也会言出必行。
- ☐ 即使非常忙碌也会物归原处。
- ☐ 虽然追求整理收纳的美感，但基本不会找不到要找的东西。
- ☐ 虽然觉得做起来非常麻烦，但仍然会把打扫房间当作习惯。
- ☐ 因为舍不得丢弃，所以不会买太多新物品。

讨厌 ← - - - - - - - - - - - - - - - - - - → **喜欢**

②

- ☐ 会在工作和学习中给自己制定紧张的日程表。
- ☐ 虽然平时会把家里弄得凌乱，但是会一下子收拾利索。
- ☐ 虽然总是会把物品挪换位置，但不会专门地整理收纳。
- ☐ 会不经意地去百元店买整理收纳用品。
- ☐ 会在学习或工作开始前做足准备工作。
- ☐ 虽然能够遵守时间，但总会莫名地拖拖拉拉。
- ☐ 虽然决心开始收拾，但不舍的物件也会收手。
- ☐ 虽然收纳好了物品，但会感到使用起来不便。

④

- ☐ 繁忙的时候，会把垃圾攒着不扔。
- ☐ 做菜的时候，会把盘子攒一块刷。
- ☐ 用过的物品，会随手乱丢在一旁。
- ☐ 衣服和袜子，会脱下来后就不管。
- ☐ 比起在家的时候，出门在外会更注重形象。
- ☐ 有很多快到期的优惠券。
- ☐ 有时会忘记约定或者迟到。
- ☐ 即使地板上有散乱的物品，也会不以为然。

不擅长

选❶最多的人

整理收纳方面的精通者

~喜欢而且擅长整理收纳~

你可以进一步了解相关信息，学习相关知识，挑战整理收纳咨询师考试。问题在于，明明自己擅长整理收纳，可家人却对此感到头痛。这该如何是好呢？

特别是本来家人就因为讨厌做家务而不擅长整理收纳，你还总是心急如焚地对他们说"就不能给我搭把手吗""你赶紧去收拾收拾屋子"。一个人着急就会全家跟着着急，最终只会加剧家人的不满。

在这样的情况下，比起学习整理收纳的技巧，提高自己不失幽默的交流沟通能力，才是解决问题的关键所在。

相反，如果有的家人因为喜欢做家务而擅长整理收纳，可你自己却对此感到头痛。那么在这样的情况下，告诉他"我们一起想想怎么办""你也帮帮我、教教我"，也许问题就会迎刃而解。

☞**我的建议**

表达方式是门艺术（P111 ~ 114）

16

选❷最多的人

整理收纳方面的学习者

~喜欢但是不擅长整理收纳~

　　我以前就是这一类型。这一类型的人，往往不了解整理收纳的基本方法，对相关信息了解不足，因此常常会在做家务时出错。

　　因此，不要一切任凭自己的想法，避免先入为主，了解整理收纳方面的相关信息和最新趋势，并用在生活之中。同时，这些方法要适合自己和家人，毕竟适合的才是最好的。

　　如果日程紧张的话，那就要坚决地放弃优先级比较低的事情，也就是要有较强的判别事物的判断力和处理问题的决断力。试着重新审视一下自己的生活吧，也许会获得新的启发。

☞我的建议

　　第三章 规划收纳（P65 ~ 102）

整理收纳方面的优等生

～讨厌但是擅长整理收纳～

　　不怎么喜欢但是擅长整理收纳的人，基本上都是遵守规则、踏实认真的人。这样的人在家庭、校园和工作中，往往都值得信赖。

　　不过，如果自己满心不情愿，硬着头皮做家务的话，也会出现问题。或是抱怨家人怎么不帮忙，或是指责家人怎么不按自己的意思做，等等。

　　自己和家人都要好好考虑一下如何制定规则，让整理收纳工作变得轻松。不拘一格、打破常规的做法，可能会有意想不到的效果。

☞我的建议

　　制定轻松的规则（P104 ～ 105）

选 ❹ 最多的人

整理收纳方面的未知数

~讨厌而且不擅长整理收纳~

从自己和家人力所能及的小事着手，不断尝试，你就会有新的发现和成就感。"原来这样做就可以啊！""啊，我做到了！"。成功的喜悦将给你带来持之以恒的动力。循序渐进，才是最重要的法则。

即使进步缓慢，失败频频，也要平心静气。让我们一起养成整理收纳的好习惯吧，让自己对整理收纳的抵触情绪随风飘散吧！终有一日，笑容会情不自禁地绽放。

此外，也总有人以太忙为借口，为自己不擅长家务做辩解。在这样的情况下，我建议你要根据自己的实际情况制定计划，根据自己的现实需要选购商品，看好自己的手，管住自己的心。

☞我的建议

首要的一点，就在于从小事着手，获得一定的成就感。在这一类型的人之中，喜欢交际的社交型人格占多数。因此，拜访一些干净整洁的朋友家，亲身感受一番，才是最为行之有效的办法。

3. 带孩子照顾家
两不误

虽然做不好整理收纳工作有很多原因，但据我对多数家庭的观察来看，"忙"是其中最多见的一个。

虽然诸如"工作忙、带孩子，家里依然整洁"的报道被广为刊载，但冰冻三尺非一日之寒，这种整洁也是在多次失败之后，才得以实现的。

内心有意愿，物质有基础，时间有富余，只有像这样万事俱备，才能做到"工作忙、带孩子，家里依然整洁"。

如果带孩子的话，你会发现，无论孩子多大，自己都永远有做不完的事。即使是丈夫或者长大后的孩子，也总像是个小孩一样。家务活、带孩子、自己上班、孩子上学、邻里关系、走亲访友，事情多得头晕目眩，生活忙得不可开交，根本无暇整理收纳。这是大多数家庭都面临着的窘境。

理想中的家

现实中的家

尽管如此，我们还是会根深蒂固地认为，忙不应该是借口。

如果一味地追寻书籍杂志中那种理想的居家环境，也许只会徒增失落。"我怎么连这点事都做不好""我是一个没用的母亲"……与其那样，我们不如先尝试完成一些能够轻松达到的小目标。

想要做到面面俱到，想要追求至善至美，这是人之常情。但是，如果你整天忙于带孩子，无暇收拾屋子，那么就算再怎么责备自己，也无济于事。那到底如何才能成为能够事事井井有条的超级妈妈呢？就让我们和家人一起，循序渐进地完成力所能及的工作，一点一滴地构筑起整洁的居家环境吧。

关键　步步为营，全家行动，小事着手。

带孩子照顾家两不误，迈出第一步

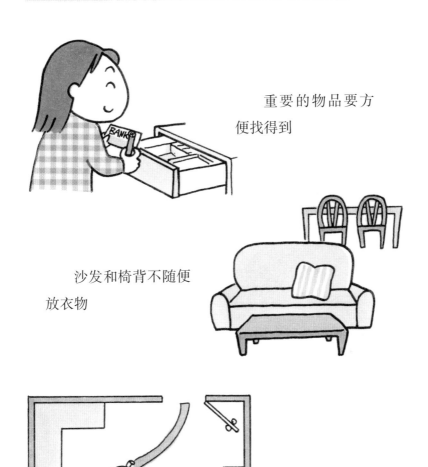

重要的物品要方便找得到

沙发和椅背不随便放衣物

通道地板上不随便放物品

带孩子照顾家两不误，迈出第二步

家人每天都用得到
的包要放在指定位置

孩子的玩具要按照
种类摆放

玄关的附近要
保持干净整洁

4. 人人居家必备三步走

这三个步骤对于自己和家人来说非常有必要，不仅能提高整理的效率，还能保持愉悦的心情。

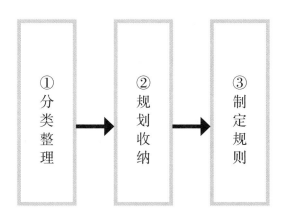

①分类整理　　先不要顾着丢东西

带孩子的生活和一个人的生活完全不同，总会陷入物品太多而又无法丢弃的麻烦之中。诸如"指不定什么时候用得上"这种话，总会理所当然地成为不忍丢弃物品的借口，成为整理收纳工作的瓶颈。

只有一个孩子时，总会想着"先不扔，万一下一个孩子或者亲戚家的孩子用得上呢"。孩子上了小学后，总会想着"还是不能扔，万一其他人用得上呢"，等等。

其实，我们不能把整理收纳单纯地认为就是丢弃物品。"丢弃→分类→收纳"，才是光明大道。但是，如果家里有小孩子的话，这条道路常常会走不通。

正因为有时会因难以取舍而不忍丢弃一些物品，所以我们更应该先通过分类整理，让自己和家人做一些力所能及的收纳工作。毕竟，罗马不是一天建成的，干净整洁的居家环境也来自于每位家庭成员一分一秒的点滴付出。

慢慢来吧，取舍其实并不难。

→详见 P29 第二章　分类整理【美好之家，始于分类】

②规划收纳　　让家人也参与进来

很多人说："明明我在辛辛苦苦地收拾屋子，丈夫和孩子却就是不帮忙，真的好气。"我仿佛看到了自己当年的影子。这种想法，我完全能懂！我曾经也是因为这样的问题，又急又气。

那我们该如何是好呢？为了让丈夫和孩子都能帮忙收拾屋子、做做家务，我们必须设置一些"机关"，让他们不由自主地参与进来，同时还要注意自己的"语言"，巧妙、适宜地引导他们。

→详见 P65 第三章　规划收纳【潜移默化，影响全家】

③制定规则　　保持环境干净整洁

孩子把玩过的玩具直接往地上一扔，丈夫把脱下的衣物找地方随手就丢……家里脏乱差得就像一个垃圾场，而自己呢，面对这样一个狼藉的环境，除了无奈，还是无奈。

这样的情景是否似曾相识？其实，我们在日常生活中会经常遇到类似的情景。也不乏一些妈妈一直安慰自己说，孩子还小，长大了就好了。可是，和家长相比，孩子总也长不大。那又到底是哪里出了问题呢？答案是规则。很多家里没有相应的规则，或者虽然有些规则，但并不适合家里的实际情况。

如果没有购买物品的相关规则，那家里的物品只会越积越多。如果整理收纳的相关规则太过复杂，那家里的工作还会只由我们自己来做。规则这件事，也要"因地制宜"。

好好考虑一下什么样的规则适合自己家，干净整洁的居家环境就离我们不远了。

→详见 P103 第四章　制定规则【没有规矩，不成方圆】

第 2 章

分类整理

【美好之家，始于分类】

1. 分类整理方知物品多少

在第一章中我们曾经提到，对宝妈来说，比起丢弃物品，先进行分类才是首要问题。或许确实有人是因性格优柔寡断而不忍心丢弃物品，但也有不少人会想，现在孩子还小，等以后孩子长大了，看情况再扔也不迟。因此，我建议要先对物品进行分类整理，然后细细体味生活中随之发生的变化。

那我们该怎样分类呢？能扔还是不能扔？需要还是不需要？答案都不是。**而是"此物"在"此时"在"此地"，必要还是不必要。**

比如说，对于玄关、鞋柜里已经小了的童鞋，我们总会认为，就先那样放着吧，万一以后能给谁穿呢，或是万一可以放在跳蚤市场卖呢。不过，既然它的尺寸已经不合适了，那就没有必要放在原处了。我们已经可以把它装进纸袋里，或是放到柜子的角落里，或是堆在汽车后备箱里。总之，我们应该把这些鞋子放在合适的位置。

再比如，对于丈夫的高尔夫用品，我们也总会认为，就先那样放着吧，每周一定会打一次，而且也不碍什么事。不过，如果做不到每周打一次高尔夫球，那还是不要那样放着为好。

此外，如果家里哪个房间都有书本、衣服，或是其他提前买好储备的物品，那想必家里一定会很凌乱。面对这种普遍存在的情况，先按物品的种类进行"分类"。这对于后面的收纳工作来说，不可或缺。

如果只是想着"这个暂时放这里，那个暂时放那里"，也许过不了多久，就又是一片凌乱。因此，一定要记得，要按顺序把各个物品逐一放到固定的位置。

▶▶▶ 生活用品分类整理法

如果家里凌乱不堪，那么从整理生活用品入手，就尤为关键。也许我们会提前买很多纸巾、湿巾、洗发水、沐浴露，作为储备物品。然后，我们会把这些在便利店就能买到的物品，散落在各个房间。如果是这种情况，我们应该先把这些储备的生活用品归于一处。

集中归置之后，可以按照洗浴用品、卫生用品等进行分类，弄清还有多少存货，是不是买得过多。

　　如果是食品的话，我不建议把食品装在袋子里，否则我们会看不到袋子里到底装的是什么物品。所以，还是把食物放到透明整理箱里为好。这样一来，是罐头还是瓶子，是零食还是调料，哪个重复了，哪个不够了，就会一目了然。

▶▶ 衣物分类整理法

把衣物归置在一起之后，我们会对衣物的重量感到震惊，会不由得感叹自己怎么有这么多衣服！

首先是一个非常简单的工作——按人分类，明确哪件衣服是谁穿的。如果我们发现衣服的尺寸和家里的几个孩子都合适，无法判定是谁的衣服，那么我们希望由哪个孩子来穿，就把这些衣服放进哪个孩子的抽屉。

然后就是处理大人的衣服，一定要按照一到两年内有没有穿过进行分类，切记不要主观地加入感情因素和其他的一些条件。"想不想穿""能不能穿""以后或许能穿""瘦了就可以穿"，都不能作为分类的标准。

但是，也有一些衣服是例外。不久之后生孩子时打算穿的孕妇服，开学典礼和毕业典礼时打算给孩子穿的正式衣服，婚丧嫁娶和节日活动时穿的礼服……这些特殊用途的衣服就另当别论了。我们要把这些衣服放在特定的位置，可以放在衣柜顶层或角落里，或是化妆间的角落里。如果有必要的话，为了防止忘记放在何处，可以在记事本、日记、手机备忘录中做上相应的备注。

此外，在特殊用途衣物附近的墙壁上，我建议可以贴一个便签，写清"这里有〇〇〇"。这样做的话，在遇到突发情况、急需这些衣物的时候，可以尽快找到，不至于惊慌失措。

另外，要将最近穿的衣服按照外衣、内衣、内裤、围巾、连衣裙等进行分类。通过分类，我们会意外地发现，裙子怎么这么多，内衣怎么这么少，下次要少买裙子、增添内衣吧。渐渐地，我们就学会了制订计划。

"买新的，丢旧的"的做法，仅仅适用于整理收纳方面的居家高手。对于现在仍然苦于整理收纳的居家小白来说，收效甚微。购买新物品之前，我们要弄清楚目前拥有的物品，学会放弃，精心分类，打好日后收纳工作的基础。作为妈妈，只有自己先弄清所以然，才能在家人购置新物品的时候，给出正确的取舍意见。

一两年内穿过吗

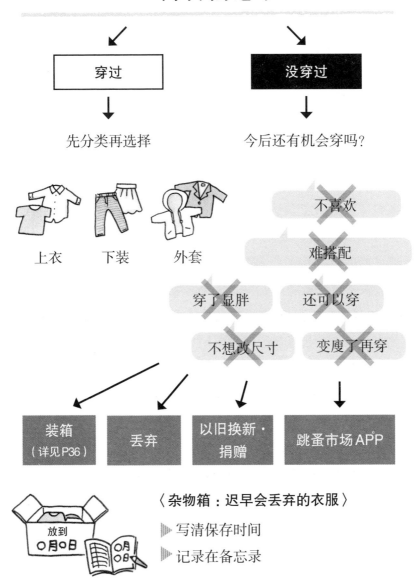

穿过	没穿过
↓	↓
先分类再选择	今后还有机会穿吗？

上衣　　下装　　外套

不喜欢

难搭配

穿了显胖　　还可以穿

不想改尺寸　　变瘦了再穿

装箱（详见P36）	丢弃	以旧换新·捐赠	跳蚤市场APP

〈杂物箱：迟早会丢弃的衣服〉

放到 〇月〇日

▶ 写清保存时间

▶ 记录在备忘录

2. 程度适宜分类
整理法

紧张忙碌的生活，有时会令我们在分类整理某些物品时，陷入进退两难的境地。在意的物品，用起来会很小心；坏了或是不喜欢的物品，则会弃之不顾。但是，那些谈不上喜欢或是讨厌、还时不时用得上的物品，却总是难以取舍。

春暖花开换季的时候，你可能还是会担心乍暖还寒，就没把冬衣收起来。只穿过一次的毛衣和牛仔裤，你可能会觉得还不用洗，于是就不知道该放在何处。起居室里或孩子的房间里闲置的东西……

不妨把这些难以立即丢弃的物品，放到**杂物箱**里吧。

因为它是装各种物品的杂物箱，所以不存在放错位置的情况，我们也能很方便地找到归置进去的物品。把可有可无的物品放进杂物箱里吧，其他的问题，我们便无需担心。

此外，我们还需要准备一个重要物品箱，以便在忙到没有闲暇、累到精疲力竭或是身体不适时，能够不费力气地找到所需的重要物品。

我们要在外出归家的时候，把包里的物品放进**重要物品箱**。这样一来，如果我们在吃晚餐的时候，突然想起要做白天只做了一半的工作的，就显得尤为便利。

不要把可有可无的物品放入重要物品箱，只需常找常用的物品放入其中即可。**有人会经常抱怨说，为什么想用的物品总是找不到呢。那是因为他们把可有可无的物品，统统都放进了重要物品箱。杂乱不堪，谈何便利？**

与其一味地追求井井有条、完美无瑕，倒不如简单地把物品分为两类。**一类是最近正在用的重要物品，一类是可有可无的杂物。**

穿过一次的衣服，如果还要再穿的话，可以先放到衣物篮里。（详见 p80）

如果你不是热爱整理、认真仔细的人，那么我建议宝妈们，无论什么样的居家用品只需先简单地分类整理即可。不然的话，很难持之以恒。与其追求高质量却难以持续，不如简单动动手且持之以恒，贵在坚持。

3. 卫生间分类整理法

如果我们上整理收纳基础课的话，老师一定会建议我们从卫生间的物品开始分类整理。因为家人每天都会用到卫生间，容易留意到我们做的工作，所以很容易获得一定的成就感，这难道不是再好不过吗？

如果卫生间里的物品不多，那就非常幸运了，只需打扫一下，效果就会立竿见影。

我曾在家政公司做过整理收纳基础课程的教学工作。每每讲到扫除保洁、整理收纳的问题，我都会建议大家从卫生间着手。一来需求迫切，二来收效显著。

打好基础第一步：清空地面

把要洗的衣物丢进衣物篮，把刷好的脚垫晒在走廊里，收拾出来的垃圾该扔则扔，可有可无的物品该挪则挪。有的物品可能搬运起来会比较费时，那不妨把它们分门别类地装到纸袋或篮子里，一点点地搬运到走廊里。

打好基础第二步：全盘清点

把所有要收纳的物品汇总在一起，筛掉不需要的物品。垃圾、过期商品、貌似没人会再用的化妆品和卫生用品、已经风干的残余物品、用过但是根本用不完的物品，都要坚决丢弃。另外，我们还要在容易沾水的物品上，盖上报纸或旧毛巾。

对于闲置的空抽屉和空架子，也必须要彻底打扫。

对于用一半和未拆封的物品，也必须要区分开来。

不要让卫生间成为储物间。我以前在家政公司工作的时候，曾在一个客户的家中发现过二十多桶洗衣液。所以说，如果我们全盘清点卫生间物品的话，就会发现多余的物品。明白了这一点，不就节约了一些不必的生活支出吗？

打好基础第三步：方便使用

事实上，很多家庭的分类整理方式，费力不讨好。

我们不必让所有的储物架都保持相同的高度，只要是适合摆放日常用品的高度就可以，合适的才是最好的。此外，使用隔板可拆卸的储物架也未尝不可。

把储物架调节得矮一点，免得还要踩脚凳取上面的东西。不必非把上层的架子空出来，白花工夫不值得。

如果隔板无法拆卸，可以使用 U 形储物架来有效利用空间。

如果隔板进深很深，可以使用篮子或盒子将其分割成不同区域，改造成抽屉式收纳架，避免浪费空间。

　　要把经常会用到的物品，按用途进行分类整理。无论是把物品挂起来还是立起来，都应该摆放在固定的位置。但是为了看起来一目了然，还是将物品立起来摆放为宜。

有必要放在卫生间吗

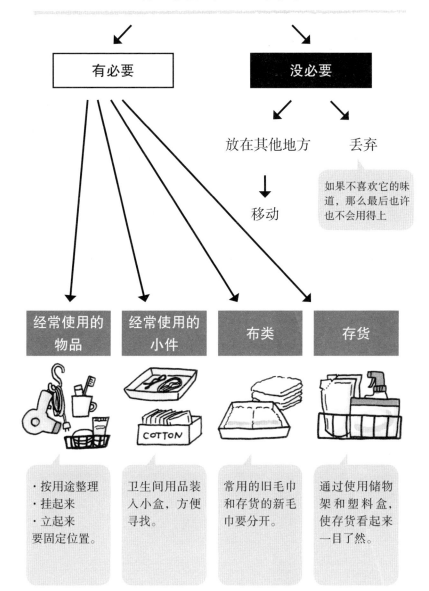

有必要

没必要

放在其他地方　　丢弃

移动

如果不喜欢它的味道，那么最后也许也不会用得上

经常使用的物品

经常使用的小件

布类

存货

·按用途整理
·挂起来
·立起来
要固定位置。

卫生间用品装入小盒，方便寻找。

常用的旧毛巾和存货的新毛巾要分开。

通过使用储物架和塑料盒，使存货看起来一目了然。

4. 玄关分类整理法

因为玄关是家的门面，所以也有人认为应该从玄关开始分类整理。但是，玄关的分类整理工作不同于卫生间，绝不是简单的打扫。从我迄今为止的实际工作经验来看，对玄关进行分类整理，要比卫生间困难。

究其原因，无论住房面积多大，人们都会在玄关处堆放各种各样、大小不一的物品。

除了伞和鞋之外，诸如外套类，帽子、围巾等零散衣物类，或是孩子的室外玩具，收到的各种快递，想扔的生活垃圾，都应该有固定的摆放位置。

不过，基本的整理分类方式和卫生间大致相同。要判别好每双鞋是谁的，还要不要，大件物品可以拜托丈夫来帮忙移动。这样一来，家人就能够在不经意间参与其中。

需要处理的物品清单

□ 不能穿的鞋

□ 不想穿的鞋

和现在的衣服不搭配　　穿腻了　　穿着磨脚

□ 多余的雨伞、雨衣

□ 变色或风干了的鞋油

□ 木工工具

□ 用途不明的螺丝钉

□ 坏了或不玩了的玩具

□ 确认好快递盒子里是否有未取出的商品、储备物品中是否有
　已过期的食物

　　玄关处未收纳进柜子的大衣、夹克等外套类衣物，帽子、围巾、袋子、皮包等小件衣物。

放回衣柜、走廊、各个
分区

将衣物放入回收箱或者
跳蚤市场出售用品箱

RECYCLE

跳蚤市场出售

5. 客厅分类整理法

一般来说，客厅是家中最宽敞的地方，也是物品堆积得最多的地方，更是最难分类整理的地方。

如果你希望家人都能够轻松地整理收纳的话，那么，继居家常用的卫生间、玄关之外，下一个要着手解决的，就是客厅的分类整理工作。当保持客厅整洁成为一种习惯的时候，家人就会不由自主地把其他地方也整理得井井有条。

打好基础第一步：丢弃垃圾

请回想一下，我们在丢弃哪一类物品的时候，不会有丝毫的犹豫？

答案应该是食物。即使是勤俭节约、爱好收藏、难以放弃的人，面对着腐烂的食物时，也会毫不犹豫地选择丢弃。因此，我建议，分类整理客厅，要从冰箱开始。

除了食物，对于其他的过期物品，也很容易做出取舍。

过期的乘车券、折扣券、超市传单、活动传单、商品目录……如果攒着的话，物品会越来越乱，空间会越来越挤。如果把这些东西堆在了客厅的话，有必要尽早将其处理。

指不定什么时候缝补的破旧衣物；

指不定什么时候维修的家用电器；

指不定什么时候做完的手工艺品；

指不定什么时候写完的信或明信片；

指不定什么时候孩子才能完成的作品（也可能不会完成）。

上述这些物品，在客厅里是不是比比皆是？

这或许已经成为了客厅的日常风景，但平心而论，这些物品已经可以算是垃圾了，或者指不定什么时候也会成为垃圾。

如果我们把"指不定什么时候"理解为"会有那么一天"的话，那么就永远不会有尽头。越来越多的物品，将成为垃圾的后备军。

起居室里还有许多乱七八糟的
东西遍布各处吧

指不定什么时候缝补
的破旧衣物

指不定什么时候
维修的家用电器

指不定什么时候
做完的手工艺品

指不定什么时候
写完的信或明信片

指不定什么时候
孩子才能完成的作品

虽然自己心里总是想着"之后会做的"，但是这些物品放到什么时候才是个头。如果不能马上完成，**那请在日历上具体地备注上在"几月几号做"。**

分类整理的过程中不免会发现一些垃圾，而这些垃圾该怎么处理呢？不妨先放在某一处，并在日历上标记清楚，和下次的垃圾一起处理。

对于那些没做完的手工艺品，要规定一个明确的截止日期，告诉自己**"逾期未完，那就扔掉！"**这样的宣言，既是一种监督，更是一种动力。

千万不要自己把自己的东西在架子上归置好了，就对家人的东西指指点点，虽然我自己也难免如此。但是，如果不灵活处理的话，那家人只会看着凌乱的物品，更加不为所动。所以，打好基础，从我开始。

"我今天有空！""我今天干劲十足！"……我们完全能理解这种心血来潮，但老实说，很多人会一通准备，备齐相关物品之后，就热情不再了，或者是没坚持几天，就说自己没工夫分类整理了。放弃还是坚持，这是一个问题。

当然，在这一基础阶段，能完成那些堆积的未完成的作品的话，自然再好不过。至于到底何时完成，制定一个明确的目标吧。

如果没有明确的目标，我们的生活又将陷入凌乱，我们的物品又将超过我们的收纳能力。到头来，又要再进行分类整理。要学会痛定思痛，处理掉的物品，绝不再买第二次。

打好基础第二步：进行分类

请回顾一下前文讲到的卫生间和玄关分类整理的成功经验。

分类整理的基础就在于明确"可有可无"，做到"坚决舍弃"。

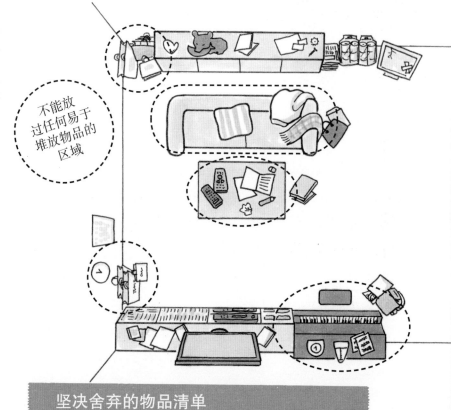

不能放过任何易于堆放物品的区域

坚决舍弃的物品清单

☐ 坏了也不打算修了的物品。

☐ 过期的票券、快报、传单。

☐ 陈旧的报纸、杂志、说明书、宣传册等印刷品。

☐ 孩子长大了所以不会再用的玩具和绘本。

☐ 满是尘埃的作品。

☐ 只剩一只的袜子、只剩一个的耳环。

☐ 螺丝等不知道从哪里掉下来的零部件。

☐ 多余的袋子和盒子。

☐ 不喜欢的室内装饰品。

☐ 没用过的各种箱包。

☐ 一直以来未完成的作品。

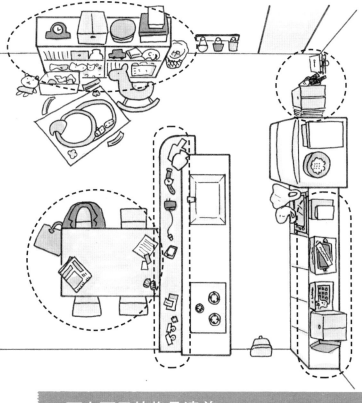

可有可无的物品清单

- □ 过多的玩具➡留一部分，其余放到孩子的房间里！
- □ 没在读的书➡指定位置，放到书架上！
- □ 衣服➡除了外套，其余放进衣柜或洗衣机！
- □ 存货➡严格筛选，考虑好是否要放在客厅！
- □ 待修理或待干洗的物品➡放到车里，或放到玄关处！
- □ 没怎么用过的家具或收纳用品➡下定决心，考虑好是否放到其他
  房间里！
- □ 食物➡为什么要放在客厅里，毫无道理可言！
- □ 杂物（钟表、垃圾箱、装饰品）➡严格筛选，不宜堆放太多！
- □ 买回来的商品➡袋中取出，各自放好！
- □ 换季物品➡另寻位置，整理收纳！

6. 责任到人分类整理法

有的宝妈喜欢做饭而讨厌刷碗，有的宝妈擅长分类整理缺不擅于打扫卫生。同样地，孩子们对于做家务，也有着不同的感觉，喜欢或是讨厌，擅长或是不擅长，可以分为各种各样的类型。

就拿洗衣服这件事来说，有的孩子喜欢用洗衣机清洗，有的孩子喜欢用洗衣机脱水，有的孩子喜欢晾衣服，有的孩子喜欢收衣服，当然也有的孩子讨厌上述的所有工作。因人而异，各不相同。

在分类整理这件事儿上，全家人如果能各司其职，互相协助的话，那真的就无可指责了。如何结合每个人的喜好划分职责，这应该成为各位宝妈的拿手好戏。要考虑到家庭成员的年龄、繁忙程度，协调好做家务的时间，适当地划分职责。那么，不妨就从简单的小工作做起吧！

如果家人欣然接受并做完了规定的工作，那我们要不断地表扬和肯定他们。久而久之，他们就会不自觉地做一些规定职责之外的工作，也可以让孩子们兄弟姐妹之间，或是让孩子和我们家长一起，做一做小比赛，看谁收拾得又好又快。竞争，也是做好分类整理的诀窍之一。

 要考虑到家庭成员的性格、年龄、繁忙程度，适当地划分职责。

▷▷ 让丈夫收拾好自己的物品

如果有书房或其他丈夫专用的房间的话，那就把丈夫的物品放到那里就好。如果没有的话，可以放在客厅或卧室的一角，或者在壁橱里给丈夫划分出一个区域。**划分区域**非常有必要。

如果前面的这些工作做好了，那后面的工作就简单轻松了。选准时机，严肃正式地告诉丈夫，想让孩子整理好自己的东西，首先我们自己就要做好榜样，首先就是要把自己的东西分类整理好。

给丈夫划分出一个区域，在这个区域归置丈夫的物品。如果发现物品太多装不下，就要适时地告诉丈夫，不要再买太多物品。

当然，丈夫可能会直接说："你收拾好自己的东西了吗？还在这里说我！"为了避免这样的情况，事先要把自己的物品归置好，绝不超出自己的区域。如果丈夫恳求你来帮他收拾的话，那你们可以聊一聊再定，看看该如何是好。

▶▶ 让孩子收拾好自己的玩具

看着家里一地的玩具，不妨和孩子坐下聊聊，一起按照使用频率和场所，对玩具进行分类整理。把常玩的玩具按照类别分类，然后放入尺寸合适的整理箱。整理箱里不要放太多玩具，防止遮挡住其中的一些玩具，要看起来一目了然。

7. 宝妈分类整理法

作为带孩子的妈妈，无论是什么物品，我们可能都会一直留着，以备将来不时之需。

指不定什么时候会用，和现在正在用，要严格区分开来。要把这些不知道什么时候会用的物品，放到整理箱或柜子的某个格子或纸袋里，而且最好是密封的空间。

如果是整理箱或纸袋的话，在上面或是侧面，直接用笔写上，存放到什么时候，什么时候再打开看一下。另外，要让放进去的物品看起来清楚明了，不用打开就知道里面存放了什么物品。

如果我们用着用着，发现这里面的物品经常会用到，那就先不要把它处理掉，可以适当地延长存放的期限。

我常常会在纸笺上写着明年的计划和安排，然后用结实不易脱落的胶带，把纸笺粘在今年十二月的记事本上。等到我买了明年用的新的记事本之后，再把前一年十二月的记录连同那个纸笺一起揭下来，粘到新的本子上，这样一来，就不会错过一些计划和安排。

存放到什么时候，决定好了再写

孩子的东西要
及早送人！

闲置太久会
泛黄……

玩具和婴儿用品
也会过时……

▶ 在妈妈聚会上互相交换

▶ 回娘家的时候送人

要想清楚，送给谁为好，怎么
处理为好。

▶ 定期拿到跳蚤市场和
拍卖会上出售

把当季的物品，在这个季节
来临前稍早一点的时间售
出，才是卖得出去的关键。

8. 拒绝空气收纳

　　所谓"**空气收纳**"，到底是什么样的收纳方式呢？

　　"空气收纳"指的是，没用充分利用本来充裕的空间，出现大量浪费的空间、收纳进好多空气的收纳方式。

　　此外，如果把已经不能使用的物品，或是等待丢弃的物品也收纳进去的话，那也算是空气收纳。

　　家里的衣柜是不是这种空气收纳呢？让我们参考下面的图片，一起确认一下吧。

　　针对常见的三种空气收纳类型，我在这里会为大家介绍相应的解决办法。

衣柜

before

里面有剩余空间

上方浪费了空间

衣服长度参差不齐，弥漫着"散乱"的空气

确认一下里面有没有东西，是不是只有空气

直接放在里面的衣服会落灰，连空气都会变"坏"

没有收纳衣服而是收纳了空气，浪费了空间

after

尺寸完美契合空间

小件的衣物和孩子的衣服

较长的外套

衣服长度层次分明，空气也变得齐整

经常使用的包等

让抽屉式收纳箱的高度，与衣服长度相适应

拒绝空气收纳①　避免收纳用品里面不放物品

可爱的曲奇饼干盒子，漂亮的空箱子，家电的空箱子，明明买了却没怎么用的收纳用品，还有各种各样的空瓶子……仔细一收拾，我们就会发现，家里有许多瓶子、盒子、箱子，而且里面只放了很少或很小的物品。

解决办法➡决定好该留多少收纳用品，把多余的处理掉。

我觉得不要因为贪图可爱，就去买那些小点心，那样只会产生很多用处不大的盒子、箱子。

即使收纳用品便宜到每个5元钱，也不能不考虑用途，就盲目地买了一堆。如果不考虑卖掉或换掉家电，就没必要留着家电的空箱子。即使搬家的时候要用空箱子，搬家公司也会为我们准备。

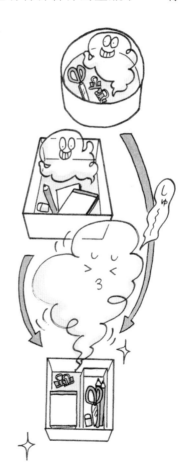

拒绝空气收纳②　避免收纳用品外面闲置空间

整理箱上面、搁板里面、架子上面、水盆下面以及水池下面，存在大量闲置空间。

解决办法➡利用好 U 形储物架和支架，不占空间轻松收纳。整理好壁橱，里外的物品要严格按用途摆放。

里面放入占满整个高度的储物架和收纳盒，外侧可以放入方便随时取出的储物盒，贴上挂钩，然后挂上墙面收纳袋。壁橱上方还可以放置一个长杆，即使物品位于里面，也易于取出。

对楼梯下方的空间进行收纳时，可以放入高度刚好的金属或木质储物架。楼梯下方是难得的储物空间，必须充分利用，切不可有丝毫的浪费。

楼梯下面

只有空气

贴上简易的挂钩，悬挂收纳，节约空间

放入金属储物架，顶住楼梯，不留空余

堆在地面

挂上孩子的画作，作为装饰，温馨美观

放入可移动架子，轻便实用，易于移动

放入组合整理箱，位于下方，便于使用

拒绝空气收纳③　避免收纳用品外形浪费空间

使用塑料一类材质的较软的收纳用品，这也是一种空气收纳。

我不推荐使用不透明的塑料袋，因为我们无法一目了然地看到里面有什么物品；也不建议买大量的圆形或梯形的收纳用品，因为买得太多到头来反而常常什么都没收纳。

解决办法➡使用长方形收纳用品，有效利用空间

一眼看过去，收纳用品排列得整整齐齐，里面的物品也摆放得规规矩矩。如果是一些无处摆放或只是暂时存放的物品，不妨先放到结实的纸袋或整理箱里。

即使是不易看到的空间，也要使用长方形收纳用品！空间都是挤出来的，充分利用空间的话，物品就会变得整齐，我们甚至会觉得，空气都变得清新，心情都变得愉悦。这正是长方形收纳用品多年以来人气不减的原因所在。

如果颜色统一，会更让人感到心旷神怡。比如，如果全部是纯白色的话，我们就会感到一种蕴含童真的美感。

虽然收纳的基本原则是使用长方形收纳用品，但也不尽然。菜篮子、垃圾箱、点心盒、首饰盒等都是会带到室外，在人前使用的。那么这些收纳用品，就可以考虑外观，按照自己的喜好，

无论是圆形，还是心形或方形，都未尝不可。

收纳和装饰，不要混为一谈。

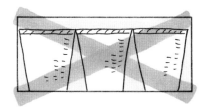 使用长方形收纳用品

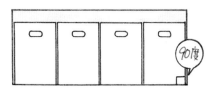

空气甚至都变得清新 装饰品选择什么形状都无妨

使用长方形收纳用品，严格利用好空间

万万不能把细小物品，放入较软的塑料袋

整齐摆放长方形储物用品，结实牢靠

第3章

规划收纳

【潜移默化，影响全家】

1. 全家收纳法

如果我们对孩子说"赶快去学习",那么他肯定会抵触。明明本来已经想做了,经我们这么一说,也不想做了。

凡事都是被人一说,自己反而就不想做了。这说明了什么问题呢?

我们不说,而是引导他们自己去说、自己去做,才是收纳工作的目标。

实际上,这样的实际案例在生活中不胜枚举。

例如,因为银行自助提款机前的地面上,画着安全黄线和脚印的位置,所以人们会自觉站在指定位置。因为停车场的地面上,画着长方形的停车位,所以人们也会自觉把车停在停车位里。我们总是会在街头巷尾,下意识地遵循相应的规则。

但也有相反的例子,比如我们都经常会在街角看到堆放的垃圾。如果自动贩卖机旁设有垃圾箱,那么即使不当面告诉人们该怎么做,人们也会自觉地驻足在垃圾箱旁,在喝完饮料后,把瓶子丢入垃圾箱内。

我们的居家环境亦然。

　　不管怎么收拾，家里的沙发和椅背上总是凌乱不堪。如果是这样的话，可以在那里放一个专门用于收纳衣物的收纳盒，这个收纳盒就会成为家人下意识遵循的规则。

　　现在的成年人都是大忙人，遇到麻烦时都不想多费力气。那不妨在放置日常物品的架子上，或是在齐腰高、够得到的桌子上，放一些易于使用的收纳用品。

　　这样的收纳法，会有不错的效果。

用有创意的收纳用品代替沙发和椅背，省去苦口婆心的劝说，压力会变轻，家务也会变轻松。

2. 简易收纳法

整理收纳有以下三大要素。

【收纳用品】

抽屉和储物篮的形状要统一，每位家庭成员的收纳用品要有特定的颜色和标记。位置明确了，责任也就明确了。

【通道】

家人常常堆放物品的通道处要放置收纳用品，只要位置和高度合适，就无须唠叨，家人便会自觉使用。

【语言】

命令式语气不可取，用类似"……好不好呀"的希望式语气，或是类似"……要不要试一下呀"的提议式语气，会收到意想不到的反馈。

收纳用品

◆ 常用的包要放在挂钩上或储物篮里

◆ 重要物品箱和杂物箱都要准备齐全

◆ 刚穿的衣物要放在挂钩上或衣架上

◆ 脱下的睡衣要放在开放式收纳箱里

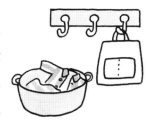

通道

在客厅或走廊容易堆放物品的墙角处，要放置收纳篮，避免东丢西丢，从此轻松扫除。

语言

◆ "如果你放在这里的话，之后妈妈会给你洗哦。"

◆ "每次都放在这里的话，就不会再找不到了呢。"

◆ "每次都放在这里的话，可就帮了妈妈大忙呀。"

3. 通道收纳法

从玄关到走廊，到卫生间，再到客厅，我们只要在家，就总是行走在各种通道之中。如果在通道收纳上下工夫，就会有更好的收纳效果。

A 在常常杂乱的玄关处粘上挂物品的挂钩

B 在卧室开门可见位置放个装包的储物篮

C 在卧室里放个爸爸专用的储物篮

D 在壁橱里放个新穿衣物的储物篮

E 在厨房里划出临时存放的储物区

F 在随手放包包的地方放个储物篮

G 在通道的桌子上划出学校通知和课后作业的便签张贴区

H 在常常乱丢衣服的沙发旁放个可移动衣帽架

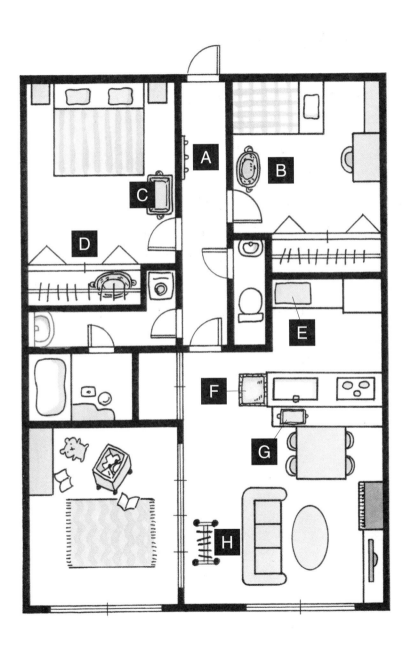

【通道收纳的具体方法】

第一步：列出易于堆放的物品清单

☐ 刚摘下的背包

☐ 带回家的文件

☐ 邮箱里的信件传单

☐ 脱下或刚穿的衣物

☐ 刚刚买回来的物品

第二步：考虑好必需品适合放在何处

如果现在就是放在指定位置，那可以考虑是否换个位置。

☐ 一进客厅的地板上

☐ 厨柜上

☐ 餐桌旁

第三步：考虑好其他物品怎么收纳为宜

简单省力的收纳物品，可以让我们在百忙之中依然保持着整洁的家庭环境。草率地选购收纳用品之前，先试试家里已有的物品是否可用。

☐ 买衣架不如贴挂钩

☐ 开放式收纳箱不如家里的塑料桶

☐ 儿童收纳用品要高度合适、色彩缤纷

第四步：考虑物品类别应该如何划分

与其要用的时候，东找西找浪费时间，不如提前分好类，省时省力简单明了。

☐ 随身用品、学习用品

☐ 就餐用品、针线用品

☐ 作业用品、书信用品

4. 玄关收纳法

玄关和客厅一样，也是一个杂物堆积如山的空间。小到鞋和雨具，大到玩具和自行车，甚至还会堆放三轮车和婴儿车。

狭小的玄关自不必说，就连宽敞的玄关，同样也越整洁越好。不要太过"贪婪"，要对玄关处堆放的物品严加筛选。比如那些刚到的快递和刚买回家的矿泉水，要尽快放到厨房和需要的房间。

宝妈们想必都听说过这样一句话，玄关是家的门面。可正是我们的"贪婪"，让这个门面杂乱不堪。

 把物品控制到最少的极简主义，是玄关收纳的基础。

鞋盒要贴照片或标签，夏放靴子冬凉鞋。

访客相对比较少的话，拖鞋放这里就好。

换季的鞋要放在高处，节省空间不碍事。

隔板要能够自由增减，以适应鞋的高度。

雨伞也要挂起来放置，放个托盘防滴水。

童鞋要放在合适高度，以便于孩子取出。

防灾用品要放得低些，让孩子也能拿到。

应急包

园艺用品要放盒子里，防止掉落误伤人。

下方空间最好别放鞋，湿的或脏的除外。

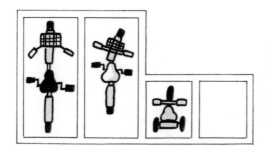

如果暂时用不到自行车、三轮车、婴儿车，可以像停车场一样，把这些停在指定的白线区域。

把挂钩钉在孩子也够得到的高度，贴上包、帽子、衣服的相应标志，选择造型可爱的挂钩，引导家人使用。

不要把鞋的保养用品塞在鞋间的缝隙里，可以制作一个擦鞋专用袋，把鞋刷、旧牙刷、鞋油、抹布放入其中，全家一起动手擦鞋。

5. 客厅收纳法

【调整客厅的布局】

所谓调整，指的是按使用目的，把客厅划分为各种不同的区域，如出行区、电脑区等。经过这样的调整，家人就可以对调整是否有效、客厅是否整洁，有一个清楚的认识。

无论客厅宽敞与否，这种调整都是有必要的。物品靠墙摆放，是一种要舍弃的错误先入观。不妨试着考虑一下爱尔兰花园厨房的设计，使用房间隔断，调整高度较低的家具的位置。

【开辟客厅的"后院"】

客厅承载着各种各样的生活功能，其中最基本的功能便是供人舒适地休息。而保证人们舒适休息的秘诀，就在于尽量不要把任何多余的物品带入客厅。

如果客厅旁边有其他房间，我建议不妨像在后院堆放杂物一样，把于休息无益的物品搬到那些房间。如果以后会用到哪件物品，再将其搬回来便是。客厅的物品越少，家人的生活也就越舒适。

　　如果客厅旁边没有多余房间，可以把杂物间或较远的其他房间，作为客厅的后院。如果有需要往返于各个房间的物品，可以常备一些**移动储物篮**。（详见 p79）

　　如果是自由风收纳，那不妨通过使用架子、抽屉等，打造一些专用区域。

换尿不湿专区、音乐专区、缝纫专区……

卫生间—客厅

▶ 梳子

▶ 头饰

▶ 在卫生间用的洗剂和卫生用品

▶ 在客厅用的化妆品

书房—客厅

▶ 想在客厅做的作业

▶ 电话簿和文件

▶ 次日上学用的物品

▶ 不想放任在客厅的教材等
学习用品

▶ 孩子们想在自己桌子上保
管的本子和作品

客厅和其他区域的互联储物篮

孩子房间—客厅

▶ 将要使用的和高频使用的玩具和
绘本

▶ 想放回孩子房间的和用腻了的玩具
和绘本

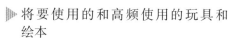

▷ 新穿衣物收纳法

客厅收纳的一个关键就在于，如何收纳刚穿的衣服，尤其是那些因为早晚温差大、刚穿而且还不会洗的衣物。

我们可以给这些衣物准备一处专用的空间，贴上挂钩或是准备储物篮，而不是把刚穿的衣物任意堆放在椅背和沙发上。

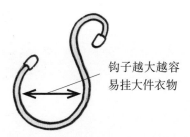

钩子越大越容易挂大件衣物

【玩具·绘本专区】

很多家庭为了让孩子容易够得到玩具，就把玩具全部都放在客厅，但是正确的做法并非如此。我们要把孩子不怎么玩的玩具处理掉，或移回孩子的房间。我们还要练就出色的判断力，判断出哪个玩具是孩子喜欢的，哪个玩具是孩子从小玩到大的，然后再做出相应的处理。

【学习专区】

学习有三大神器：词典、百科、地图。我们常说"从小常备三大件，长大以后北大见"。因此在客厅里，这三样一样也不能少。在电视上面看到的，和父母聊天聊到的，但凡是不认识的东西，都要引导孩子动手去查。养成良好的学习习惯，可以培养孩子的好奇心，拓展孩子的知识面。

【作品专区】

如果你问我排在处理难度排行榜第一位的是什么，那我的回答绝对是孩子的作品。我们可以将这些作品集中在客厅的一角，分时段展示不同的作品。对于每一件作品，是处理还是留下，要当机立断，不要犹豫不决。如果都想当装饰品来展示，那只会疲于应对，顾此失彼。

6. 孩子房间收纳法

引导孩子收纳房间的重要一点就在于，收纳工作要选择适合孩子的高度和难度。

比如，衣柜里的衣架对大人来说，是很容易拿得到的。可是，如果孩子还小的话，可能就会够不到。在孩子长大之前，要想办法让孩子够得到这些用品。在这一方面，我们着实需要多下些工夫。

抽屉里的衣服也是同样的道理。我们可以把衣物叠起来，也可以把衣物卷起来，可供选择的方案有很多。如果用收纳盒进行分区收纳，衣物也会变得容易收纳很多。

让孩子们自主选择收纳方式，不要过多地干预，也让妈妈的家务工作变得轻松。

让收纳工作循序渐进地进行，不要想着一劳永逸，也让孩子拥有独立收纳的能力。

在高处放换季的衣物、孩子的作品、老物件

在里面的挂钩上挂换季的外套和校服

在衣杆上挂 S 形长挂钩，让孩子走出自立自强的第一步

在孩子够得到的高度挂手包

在下层的筐里放刚穿的衣服

在格子里放卷好的衣物，即使两岁的孩子也能轻松取放

在表面贴插图或照片作标签

咱家，由小变大

大人物品区
使用 U 形储物架，方便存放。

玩偶、手办、圣诞用品、万圣节用品、孩子的作品。贴上标签，标明何时使用。

如果有空箱子，折叠好放在此处。

在橱柜内侧贴上壁纸，标明自行制定的存放规则。

开辟一片宝宝的秘密基地，让孩子乐在其中。

空得出足够的空间，方便孩子在此玩耍。

在中间的隔板下方挂上储物网，放些小玩具。

家人物品区
放当季的家用电器、常用物品、较重但经常使用的物品。

此外，就孩子而言，让他们自己收拾好漫画和绘本，是一种最简单的锻炼。

其他物品也是同理。我们要尽早和孩子约定，各个物品只能放在哪里。如果孩子已经过了看低幼书籍的年纪，那就把这些书籍放在其他地方。如果别人送给孩子很多新书，那就把一些多余的书籍送给需要的人。

既然绘本的形状各不相同，那么无论如何收纳，都很难做到整齐划一。不过，我们作为家长，应该反复告诉孩子，要把相同系列的绘本放在同一位置。不仅如此，和孩子一起动手归纳，也同样重要。

如果把绘本收纳得干净整洁，那么我们就会收获到一份美感和喜悦。

如果把漫画收纳得干净整洁，那么其他收纳难题也同样会迎刃而解。

如果把书架收纳得干净整洁，那么我们就帮孩子养成了一个好习惯。

关键

帮助孩子养成一种认知，"收纳绘本和漫画是自己的工作，自己的工作自己做是理所当然的事情"。

整齐摆放，美感浑然天成

取走书的位置要放代替物，以便放回

放置 U 形储物架，装饰之余更便利

百科、相册等重物，要放在下排

切忌平放叠放，立起来放书要成为习惯

难以摆放的绘本，可以放在篮子里。

86

7. 卫生间·更衣室收纳法

卫生间、更衣室的收纳工作，是一件马虎不得的大事，稍有大意就会一团散乱。这其中的一个重要原因就在于，刚开封且没用完的物品实在太多。在新物品的诱惑面前，想必我们都会下意识地买买买吧。

我们要在家里明确规定，不用不开封，开封先用完，没完不新买。我们还要在扫除用品上，用油性笔标明扫除专用，然后把这些用品统一放在水桶里。

另外，我们也总会从药妆店琳琅满目的商品中，选购不少商品带回家。看着各种各样的包装，难免心烦意乱。那该怎么处理这些物品呢？选择接近白色的同一颜色的包装和标签，这样就不会无谓地费神了。

咱家，由小变大

至少准备两个盒子放待洗衣物，根据自家的情况明确洗衣服的责任划分

镜子和高处的物品，由大人来收纳和清洁

水池要刷得闪闪发光，家人看了不开心都难

在抽屉里面放置塑料盒，划分空间

水池下方的常用物品靠前放，居家存货靠后放

通过调节 U 形储物架的高度，收纳其他不便收纳的物品

此外，存货切忌过多。

在卫生间和更衣室的门上，贴上一张纸，在纸上标明"在什么时候买了什么物品放在了什么位置"，防止存货过多。既节省了钱，又节省了空间。

在此基础上，听取家人的意见也不失为一个良策。什么物品要留下，什么物品要丢弃，衣物篮放在哪里合适，毛巾放在哪里方便，等等。与其我们事先为家人制定好规则，不如让他们自己来制定，自己来遵守。

用完以后再开封，外观色调要统一，整洁美观靠保持。

8. 厨房收纳法

过去人们常说，男人不下厨。其实，孩子也很少会去厨房。有人认为，厨房危险，所以不该让孩子去厨房。实际上，我们完全可以让孩子做一些力所能及的小事。即使是两岁的孩子，也可以胜任像放餐具一样的小家务。随着孩子长大，他们能做的家务也会越来越多。循序渐进，小事方能成大事。

易于使用、通道安全，是让孩子帮忙的两个基础；**高度得当、重量适宜、操作简便**，是让孩子帮忙的三个要点。

孩子使用的塑料餐具，重量较轻，无须放在高处的格子，只需放在孩子不必踩凳子就能够到的位置，以便让孩子自行取放。此外，比较浅的厨柜格子，会便于取出里面的物品。

在餐具格子里放U形
储物架，方便我们取
出餐具

不要在高处的格子里放餐
具，让孩子们远离危险

在用完厨柜后随手关
好柜门，防止物品滑
落伤人

要选择进深相对较
浅的厨柜格子，便
于收纳

不要在低处的格子里放居
家存货，可放餐具

在水池下方的格
子里放洗涤用品，
随用随拿

在孩子入学以后，我们要像学校食堂那样，为孩子准备餐盘，让孩子在吃完后收好自己的餐具并放在餐盘上。这样一来，宝妈们的工作就会轻松不少。

此外，餐具格子不要装得太满，否则自己都不易于取放餐具，更谈何让孩子帮忙。把常用的餐具放进格子，不常用的餐具装进箱子，我们就会猛然发现，原来我们家里根本用不上那么多餐具。

我们最好在餐具的格子里使用可调节的隔板，调节到孩子够得到的高度；在高处的格子里放箱子等体积较大的物品，并用塑料盒划分内部空间。

关键　　高度得当、重量适宜、操作简便，这三点至关重要。

使用托盘

把不同时间吃的食物，放在不同的托盘里，那么即使在忙碌的早上，家人也可以自行准备早餐。

制作抹布

已经破损的旧毛巾和旧 T 恤，可以用来当作抹布，集中放在水池下方的格子里。在我们有空的时候，可将其剪成小块，方便家人使用。

9. 不再苦苦寻找

如果怎么也找不到需要的物品，那家里的大人和孩子都会感到很苦恼。

为什么家人总在苦苦寻找呢？原因有三。

①没有确定指定位置；

②没有标明指定位置；

③没有放回指定位置。

在确定物品的指定位置时，我们要综合考虑放在哪里易于使用，易于收纳，而且还不会影响通行。

"这里放收纳用品""这里放家具"……这些是错误做法！

"刚回家就会用到的物品，放在一进门的门口处会比较方便""平时每天都会用到的物品，放在客厅常坐的位置会比较方便"……这才是正确做法！

也就是说，比起"习惯性地放在哪里"，我们应该把"放在哪里更易于使用"放在优先考虑的位置。

根据自家情况确定好各个物品的指定位置，是帮助我们不再苦苦寻找物品的关键。

如果在确定好物品的指定位置的情况下，依然找不到所需的物品，那么我们可以在抽屉和收纳用品上贴上标签。如果不贴标签，那么即使我们已经习惯了物品的位置摆放，也还是有时会苦苦寻找。

如果家里的孩子年纪较小，可以不用文字标签，而是改用图案标签。等孩子长大一些，再改用拼音或文字标签。如果标签色彩缤纷，会更加行之有效。

▷ 用和纸胶带粘贴标签

收纳的基础工作，无外乎就是贴好标签。

可爱的和纸胶带，是粘贴标签的好帮手。

如果选择用胶水来粘贴标签，那么便签一旦脱落或被人撕下，表面就会凹凸不平，十分影响美观。

如果不想在选胶带上费工夫，那么直接使用普通的单色胶带，就会节省很多时间，且不影响使用。

无论是抽屉、书皮，还是透明文件夹，我们都应该在其表面贴好标签。如果一些不易找到的小地方也可以贴上标签的话，那自然更好。孩子因为好奇心比较强，也会参与进来，帮助我们贴标签。

有时尽管贴好了标签，可还是不能做到物归原处。在这种情况下，我们要反省一下，是不是物品的指定位置设置得不够合理。

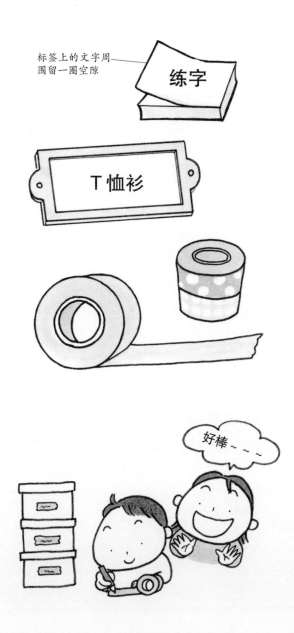

指定位置是否易于取放？

指定位置是否距离过远？

分类标签是否简单易懂？

放置高度是否过高或矮？

对孩子来说收纳是否过于复杂？

这些都需要我们重新审视！

关于收纳的复杂与否，我们会在下一部分，为大家详细解答。

想要不再苦苦寻找，必须让收纳用品易于使用、易于收纳、不影响通行。

10. 不费吹灰之力

我们必须要清楚，物归原处需要几个额外的步骤。

我们就以使用文具为例：如果笔在笔筒里，那么直接拿出来使用就好，无须额外的步骤，不费吹灰之力。可如果笔在文具盒里，而文具盒在抽屉里，那么我们先打开抽屉，再打开文具盒，就需要两个额外的步骤。步骤过多的话，就会让人觉得麻烦。于是，别说是物归原处了，甚至可能会凌乱不堪。

对于年纪尚小、动手能力不足的孩子来说，盖上盖子的动作并不容易。适合孩子的收纳方法，才是最好的。因此，不要给常用的收纳用品盖上盖子，不要让吹灰之力变成沉重负担。家庭成员多，收纳人手多，这绝不可以成为任何一位家庭成员懒惰的理由。

如果盖上盖子的话，那我们就无法知道收纳用品中有什么常用物品。久而久之，那里面的常用物品可能就会被家人遗忘，无人问津。如果采用不盖盖子、不费吹灰之力的开放式收纳，那我们就不会再有上述的担心。

虽说开放式收纳会让物品看起来一目了然，但并不能一概而论。我们要"因地制宜"，在一些死角采用灵活的收纳方式；也要"因物制宜"，妥善保管好其他不常用的老物件、旧衣物等。

关键　我们必须要清楚，物归原处需要几个额外的步骤。

11. 学会乐在其中

我非常热爱自己的专业——整理收纳，对我来说，发现并处理不常用物品，整理并收纳常用物品，同样是一种快乐。即使忙到深夜，我依然乐此不疲。

不过，也许大家会觉得很意外，我非常讨厌扫地。如果可以的话，我甚至不想扫地。因此，我需要考虑，如何才能让自己乐于扫地呢。

解决办法就是，全家协作。在我家里，女儿和儿子也和我一样，讨厌扫地，却喜欢整理收纳，喜欢让家里变得干净整洁。于是，我们会在每星期日的早上，睡个懒觉，吃顿迟一些的早餐，然后开始收拾房间。我会一边对孩子们说"是不是该开始扫地了呀"，一边启动吸尘器，开始移动桌椅。

一定要注意语气！要元气满满，要积极乐观！

在扫除结束后，我一般会说："扫除结束！现在是咖啡时间和蛋糕时间！上了一个星期课，宝宝们也辛苦啦！"

既然是周末，那就要有周末该有的惬意时光。放一首惬意的爵士乐，或是孩子喜欢的动漫歌曲，享受难得的美好周末。

只要全家上下一片和谐愉快，无论是什么歌曲，都会是令人惬意的旋律。

如果我们厉声对孩子们说"怎么还不给我收拾，赶快收拾"，那只会适得其反。

很多人都不喜欢整理收纳，宝妈们也不例外。但是全家协作，难道不也是其乐融融吗。我们还要给孩子准备意外的惊喜，在收纳完成后带他们去逛超市。大部分孩子都喜欢逛超市，会给我积极的回馈。

无论是收纳还是扫地，无论是对孩子还是对丈夫，表扬都非常重要。给家人一个温柔妈妈、贤惠妻子的好印象，让家人养成一个全家协作、整理收纳的好习惯。扫地或是拖地，洗衣服或是叠衣服，每位家庭成员都会在整理收纳过程中，发现一个自己擅长的工作。这时，一句"好棒"，就是一个至高的褒奖。

保持和谐愉快的家庭气氛，引导每位成员的积极参与，做一个整理收纳也可以乐在其中的好妈妈、好妻子。

乐在其中的秘诀

♪ 播放音乐，然后开始做收纳工作。

♪ 做好规划，明确今天的家务内容。

♪ 漫画读完，就为孩子们买本新刊。

♪ 准备纸箱，把一地玩具一扫而空。

♪ 制作奖状，颁发给辛苦的孩子们。

♪ 存好零钱，装满存钱罐带孩子玩。

♪ 扫除结束，就一起做些亲子游戏。

♪ 学会表扬，溢美之词也毫不为过。

♪ 定时休息，劳逸结合效率会更高。

♪ 全家记步，步数最少要给人按摩。

♪ 谁不情愿，把谁报告给爷爷奶奶。

第 4 章

制定规则

【没有规矩，不成方圆】

1. 制定轻松的规则

大家怎么看待遵守规则这件事呢？

为了让每位家庭成员都能开心地生活，规则是非常必要的。但是每每提到规则二字，总是会让人不由得感到烦恼。迄今为止，不少人都在制定规则的过程中遇到过各种挫折。甚至有人会发出这样的感叹，制定规则这件事本身就是一种沉重的负担。

规则，不是为了制定而制定，**而是为了奠定整理收纳的基础、保证长期整洁的环境而制定的。**如果目标过高，规则就难以为继。如果没有做到规定的事，难免会垂头丧气，失去信心。

规则，不是为了让自己执行而制定，而是为了让不擅长整理收纳的家人也能够参与进来而制定的。只有轻松的规则，才易于执行。制定轻松的规则吧，让遵循规则变成享受规则。

任何人都不会喜欢，去执行、遵循那些别人强加给自己的规则。不过，如果从一开始制定规则的阶段，就让家人参与进来，我们会意外地发现，集思广益远比独立思考，更容易产生好主意。而且，家人们也会在生活中潜移默化地，遵循自己参与制定的规则。

至于规则的表达方式，也需要细细斟酌。与其说"不可以……"，强加于人让人觉得是义务，不如说"累了的话就先到这儿……"，降低标准让人感到很轻松。

在我们家里，最低标准的规则，就是"床上不能随意放物品""再忙再累也要放好包"。即使真的是忙得累得无力收拾，也要先简简单单地收拾一下。等到第二天起床之后或有空的时候，再另行整理收纳。

关键

制定简单的规则，把握最低的标准。

规则实例

▷ 闲杂的物品，尽量不要放在床上面。

▷ 待洗的衣物，自己放洗衣机并洗涤。

▷ 外出归来后，及时取出洗好的衣物。

▷ 节目开始前，抽出五分钟收拾客厅。

▷ 玩过的玩具，集中放进客厅储物篮（之后可以放在孩子房间，如果买了新玩具，要把旧玩具放进专门的箱子里，送给别人或者二手转让）。

▷ 每月的花销，提前做好具体的预算。

▷ 表扬小贴纸，贴满就出去吃顿大餐。

▷ 惩罚的规则，和表扬同样不可或缺。

▷ 添置新玩具，标明购买的详细时间。

2. 审视目前的规则

规则之于家庭，正如法律之于国家。无论什么样的法律，随着时代的变迁和形势的变化，都必须要经历再次的审视。定式并非是绝对真理，同样，规则也未必会永远正确。

规则在被执行一段时间后，也会面临不同的问题。我们会在时间的检验中发现，规则的标准可能过高，这样一来，规则对孩子来说太难，对大人来说又太过简单；规则的标准也可能过低，这样一来，大家会对规则不以为然，久而久之就会轻视规则。因此，随着孩子的成长，我们应该重新地审视，并相应地完善目前的规则。

盖房子、改布局、换家具等，都可以成为重新审视目前规则的好时机。

例如，以孩子上小学为契机，我们会在客厅里添置学习用的课桌。此时，要明确规定，桌上只能放学习用品、百科全书或是词典。如果孩子的玩具在此之前都放在了客厅，那我们刚好借此机会把玩具挪到孩子的房间。也就是说，我们不只是在简单地添置家具，更是在有效地审视、修改、完善规则。

恐怕不会有人愿意遵循别人想当然制定的规则，所以我们要经常审视规则的可行性。如果收纳过于麻烦，我们就选择开放式收纳箱；如果位置不易取放，我们就选择临近手边的位置。总而言之，制定规则本身就是一个实验，需要随机应变。

▶▶ 学习左邻右舍的做法

在任何的家庭里都存在着规则，只是有时候我们没有意识到这一点罢了。比如，洗衣服时会把男女衣服分开洗，洗菜时会用净水器净化过的水……在我们的印象里，往往会把这些理解为理所当然的事，而实际上，这就是规则。

当然，据我了解，情况也不尽然。在我家，洗衣服时会把男女衣服分开洗，而有的家，会不分男女把衣物一起丢进洗衣机；在我家，洗菜时会用净水器净化过的水，而有的家，因为丈夫妻子白天都要上班，会直接买切好洗好的绿色蔬菜以节省时间。

不过，在规则方面，很多家庭也都有相似之处。在大多数家庭里，每位家庭成员都是按照妈妈的要求，毫不怀疑、习以为常地做着各种各样的家务。但这种"习以为常"，真的是"理所应当"吗？

我们要学习左邻右舍的做法，看看别人家是如何制定规则的，然后以此为参照，重新审视自己家的规则。从中，我们就会获得可供借鉴的信息，出乎意料的惊喜，或是前所未有的发现。因此，请务必学会聆听，聆听街里街坊、左邻右舍或是宝妈圈的宝贵意见。择其善者而从之，其不善者而改之。这个过程，同样是对规则的一次重新审视。

 关键

不唯书，不唯上，只唯实，轻轻松松地过好每一天。

规则实例

▷ 用过的物品，是否物归原处，如果换位置，放在何处为宜。

▷ 收纳类用品，是否买多买少，用品的形状，是否做到统一。

▷ 柜里的衣服，是叠起来放，还是挂起来放。

▷ 家人的物品，是放在一起，还是每人分开。

▷ 常找的物品，是位置得当，还是需要挪动。

▷ 堆积的物品，是保持现状，还是需要处理。

3. 表达方式是门艺术

"不能……！""必须……！""非……不行！"等等，如果家里充斥着诸如此类的话语，那必须加以注意了！这些与其说是渗透进个人想法的表达方式，倒不如说是强加于别人身上的价值观。那我们该怎样表达，才能够让家人能发自本心地整理收纳呢？"希望……""一起……""试试……"等等，效果一试便知。

◎在我们要做家务时，就对家人说："我亲爱的宝宝们，我们一起来打扫一下呀！"

◎在物品堆积如山时，就对家人说："想好后再买东西，买了又丢会非常麻烦哦！"

◎在收纳迫在眉睫时，就对家人说："每早只要五分钟，收纳桌面一点也不难呢！"

我们在整理收纳时换些说法，就会在山穷水尽时柳暗花明。

在此之前，我们可能会常说"你必须……""你应该……"，那现在，便是一个转换表达方式、重新审视规则的契机。

在此之前，我们可能会觉得"我不想……""……太累了"，那现在，便是一个转换心理状态、重新审视做法的契机。

"怎么就不给我……呢？"，这句话往往是个大烦恼。

丈夫脱下来的脏袜子，怎么就不给我放篮子里呢？

买给孩子的学习桌椅，怎么就不给我用来学习呢？

凌乱不堪的各种衣物，怎么就不给我挂衣架上呢？

一般来说，"不给我做…"的本质，是"不想去做""不方便做"。

当你也受困于此时，不妨换个说法。**不要说"怎么不给我……呢"，而是说"也许你可以帮我……"**。接下来，我们就拿挂衣架这件事举个例子。

面对着凌乱不堪的衣物，家人们为什么就不愿意挂衣架上呢？也许是因为疲惫了，也许是因为嫌麻烦，也许是因为衣架离客厅太远了，也许是因为衣架挂衣物易滑落……

在这种情况下，我们无需费过多工夫。我们只需调整衣架的位置，尽量不要离客厅过远；然后调整衣架的高度，尽量伸手就可以够到。这样一来，也许家人就可以帮我们挂好衣物了。

如果我们想打破当前的收纳困境，就要不惜多花时间去尝试。不要使用命令式语气，要多尝试希望式语气，比如**"也许你可以帮我……"**，更要多尝试提议式语气，**"让我们……吧"**，等等。

　　我也曾面对着家里凌乱不堪的环境，控制不住自己的急脾气，对家人说"赶快收拾"之类的话。我越是急，他们就越是拖。在取得了整理收纳咨询师资格后，我总觉得只要按书上的来，一切都会水到渠成，迎刃而解，实则不然。一点一滴的努力，常会变成竹篮打水一场空。因为表达方式是一门艺术，远高于书本，更高于生活。

　　我决定，要控制住自己的急脾气。在默不作声地收纳物品的过程中，我发现自己渐渐喜欢上了整理收纳工作，并乐此不疲，享受其中。

　　女儿看到我开心地做着收纳，也不经意动起手来；儿子看到姐姐自觉地帮忙收纳，也不由得参与其中。

　　就在这时，我会抓住时机，对两个孩子微笑着说："帮妈妈………好不好呀。"于是，孩子们一边答应着，一边开心地忙碌起来。

　　我一般不说"请你们……"之类的僵硬话语，而是用"想不想……"之类的灵活表达。"语言陷阱"就是我家对付懒惰孩子的秘密武器。

　　所以说，表达方式的确是一门艺术，转换表达方式更是意义重大。我把表达方式的转换，分为两个阶段。**第一阶段是想法的转换，第二阶段是语言的转换。**这两个阶段的转换，要先从我做起，再进一步地影响到家人。至于效果如何，我们在实际生活中一试便知。

4. 整理收纳把握开关

人非机器，但做任何事都有"开关"，有的开关负责开始与结束，有的开关负责继续与暂停。这不是一句广告词，而是人所特有的一种生活节奏。整理收纳亦然。

有个人曾对我说过，她家和任何家一样，不及时整理收纳就会凌乱不堪。但当乱到亟需收纳的程度时，她就会打开整理收纳的开关，然后便是一鼓作气，收拾好各房间。

也有人曾对我说过，她家有极多的物品，令人看了就会不由得心烦意乱。但在做完公司安排的工作后，她也会打开整理收纳的开关，然后变得勤快起来，着手整理收纳。

无论是公司业务、学校扫除，还是居家收纳，都存在着一个无形的"开关"。它不是一个分管某位成员的小开关，而是一个凝聚全体成员的总开关。至于它的具体含义，在我看来，指的是引导全员共同参与的"契机"。

考试会成为孩子整理收纳学习桌椅的开关，在寻找复习资料的过程中也会收拾好桌面用品。那客厅、卫生间等公共空间的开关，应该是怎样的呢?

　　不要再冷漠地说"赶快收拾"，催促家人了，整理收纳客

厅等公共空间，同样需要把握好"开关"。所谓"开"，指的是以什么为契机开始收纳；所谓"关"，指的是做到什么程度可以休息。开关明确，家人也就明确了自己该做的事。

在想看的节目开始之前，抽出五分钟的时间，简单收拾一下客厅。那么，这里的"开"的契机就是"看电视节目"，"关"的程度就是"简单收拾好"。

在去卫生间洗澡的时候，抽出五分钟的时间，顺手洗下贴身衣物。那么，这里的"开"的契机就是"卫生间洗澡"，"关"的程度就是"顺手洗干净"。

无论是大人还是孩子，都一种需要契机、需要引导、需要动力的生物；无论是喜欢还是讨厌收纳，都需要把握好"开关"。而音乐正是一个合适的开关，音乐声起就开工，音乐声落就休息。

对喜欢收纳的人来说，音乐声起是一种满足，满足自己的收纳愿望；音乐声落是一种提醒，提醒自己要适度休息。

对讨厌收纳的人来说，音乐声起是一种督促，督促自己要尽快收纳；音乐声落是一种解放，解放自己疲惫的神经。

因此，我们一定要把握好开关，掌控好时间。

5. 室内设计大有文章

也许你即将盖房子或买房子，也许你即将重修、装修或布局，也许你即将搬家……无论是哪种情况，我们往往都会认为，如果新居里有很多收纳用品，就会变得干净整洁。

不过，现实情况往往是事与愿违。

即使房屋面积足够大，即使收纳用品足够多，如果不充分利用的话，也无法保证室内干净整洁。

因此，宝妈们一定要利用好房屋空间和收纳用品，也就是一定要在室内设计方面多下工夫。

情况① 如果即将盖房子或买房子

我认为，房屋面积是否够大并不是最为重要，空间安排是否方便才是整理收纳的要点。在这里，我们以典型的独户住宅为例。

1层：玄关、客厅、餐厅、厨房、浴室、卫生间……

2层：有衣柜的主卧、孩子住的两个次卧、阳台……

宝妈们经常会抱怨说，洗衣服、晾衣服、收衣服……在一楼洗好了的衣服又要费力拿到二楼，实在是辛苦。

我们一般会在哪里叠洗好的衣服呢？有人会在一楼，一边做饭，一边看电视，一边叠衣服；也有人会在二楼，一边监督孩子做作业，一边叠衣服。

我们在叠好衣服后，还要把这些衣服收纳到二楼的衣柜里。在一楼二楼之间来来回回，这怎么可能会不疲惫？

如果即将盖房子或买房子，那么我在此特别建议：

把洗衣机、晾衣杆、更衣室、衣柜，安排在邻近的位置，这样就会变得非常省力。另外，不要在每个房间各放一个小衣柜，要在客厅旁边或玄关附近放一个**全家共用的大衣柜**，而且最好是多层、多格子、多开门的衣柜。如果不好买到，也可以像我家一样，找工匠师傅定做一个尺寸、款式合适的衣柜。

买房是人生最大的一次购物。如果想拥有干净整洁的生活环境，那么我们必须计划好还需买什么物品，拒绝多余的物品。从此以后，干净整洁常在，烦恼困扰全无。

情况②　如果即将重新装修或布局

首先，大家了解装修和布局的区别吗？

装修还好理解，关键是要理解好布局。举个例子，我们就会一目了然。更换壁纸属于装修，安排房间属于布局。孩子们小时候住在同一个房间，长大后就要分别住在不同的房间，这就是布局。

如果即将重新装修或布局，那么我在此特别建议：

撤走不高不低的家具，采用上达天花板高的墙面收纳设计。

选择格子较浅的柜子，在每层格子的最里面放不常用物品。

打造一处宝宝学习角，用桌子和收纳盒的组合代替课桌。

购买全家共用的衣柜，放在客厅旁的房间里或玄关的附近。

另外，在重新装修或布局时，我们不要总想着是否买新的收纳用品，而是要考虑如何充分利用已有的收纳用品。

情况③　如果不换住所

既然在未来很长一段时间里不会更换住所，那我们就要另寻他法。控制物品数量，充分利用旧物，果断取舍，收集信息，勤于动手，同样可以保证环境干净整洁。

如果不换住所，那么我在此特别建议：

要乐于向别人请教和求助。在一个地方住得久了，家具的使用方式和整理收纳的方法，会不可避免地固化，出现各种各样的问题。

不要羞于向朋友或整理收纳咨询师请教和求助，因为他们的意见往往比我们自己的想法要客观、全面、立体。"横看成岭侧成峰，远近高低各不同。不识庐山真面目，只缘身在此山中。"整理收纳也不例外。

情况④　如果经常搬家

我发现，经常搬家的人更擅长整理收纳，好像已经很好地掌握了物品的处理方式，对于应该放弃的物品，似乎也没有太强的执念。这一点，令我颇为吃惊。

如果经常搬家，那么我在此特别建议：

在选购居家用品时，绝对不要买大件家具或用不到的物品，要选择可自由调节高度和宽度的收纳架和组合式家具。如果结构简单、方便收纳，那无论搬家到哪里，都依然能够使用。

此外，我们还要广泛地了解整理收纳方面的前沿动态，不断改进自己的整理收纳方式。如果自己有收纳妙招，也可以上传到微博、博客等平台，供更多人借鉴和参考。学习别人的同时，也要学会和人分享，予人玫瑰，手有余香。

第5章

读者来信

【实际案例，实用对策】

孩子们的作品，难以取舍

A

把孩子们的作品作为室内装饰品，并定期更换！

面对着孩子们的各种作品，实在无法取舍，我完全感同身受。但是，这些作品即使被作为室内装饰品摆放，也终有一日会变得陈旧不堪。到那时，我们终归会选择丢弃，或者说是不得不丢弃。

孩子们的作品总是逃不过阳光的暴晒、灰尘的侵袭，总是会渐渐变得陈旧。因此，我建议在把这些作品作为室内装饰的基础上，一定要定期更换。我们可以把走廊作为画廊，再在客厅的一角开辟一片艺术园地，摆放孩子们的作品。在此基础上，每月或每季度定期更换作品。一定不要舍不得更换，要告诉自己，取舍是为了让一切变得更美好。

此外，**拍照留念、送作礼物**，更是不错的处理方式。

我们要选个节假日，找个合适的时间，和孩子在一起对三年以前完成的作品进行取舍，选出 TOP3。然后，把这些作品和一些有纪念意义的作品，收藏在文件夹里。至于文件夹，文具店里卖的 A2 文件夹就足矣。不要急于决定是扔是留，等作品存放一段时间再考虑也不迟，事事都着急还谈何收纳的乐趣。

那么问题来了，我们应该把换下的作品临时保存在哪里呢?

一定要选择一个我们记得住的位置，在那里用整理箱存放这些作品，并在整理箱上标明保存期限，届时再做取舍。

Q2

孩子们的物品，重复繁多

A

不要按类别，而要按使用频率来分类。

如果家里有多个孩子，那我们为了不让孩子们弄混各自的物品，会把每个孩子的物品分别放在不同的位置；为了让物品看起来整洁，还会把各种物品进行分类整理，比如，左边的柜子放书包，右边的柜子放校服……

不过，各个孩子的物品，都或多或少地存在重复的情况。如果孩子之间有年纪差，那可以把年长的孩子的超龄用品，留给年幼的孩子日后使用，有效避免物品重复。如果孩子是一男一女，超龄物品无法继续使用，那可以把这些超龄用品和其他的宝妈交换，同样也能物尽其用。

在这种情况下，想要收纳孩子们的物品，要点就在于"是否在用"。

选择好收纳位置，常用物品放手边，不常用物品放里面；选择好分类标准，不按类别来分类，而按使用频率来分类。

所以说，有这方面苦恼的宝妈，大多没有把孩子们的物品，尤其是学习用品，按照使用频率进行分类，还有甚者把不同孩子的物品直接堆放在了一起。如果孩子找不到自己的学习用品，就放任孩子去超市买新的物品；如果孩子看中了可爱的橡皮，也会果断地买给孩子。结果，孩子们的物品重复繁多，抽屉被塞满了，我们的好心情也就被破坏了。

我们不只要拒绝重复物品，更要告诉教导孩子们物归原处，也可以把不再需要的物品捐给有需要的人。孩子不再使用的乐器如果保存完好，也可以留给我们自己来练习。这不也是一种乐趣吗？

Q3

破旧的玩偶和不玩的玩具，不让丢弃

A

如果只有一件，那大可不必丢弃。

孩子不让丢弃的破旧的玩偶或不玩的玩具，是只有一件吗？

如果是的话，那么那件玩偶或玩具，很可能是他们从儿时就一直很珍惜的物品，我们不必为此着急。等孩子上了小学、初中或高中以后，他们的想法也会发生变化。到时候我们再去问孩子是否要处理掉那些物品，也许他们就会选择放手。

我们可以和孩子约定，如果扔三个旧的玩偶玩具，作为交换，就给他们买一个新的。此外，孩子的想象力天马行空，会觉得玩偶玩具都有生命。我们可以对孩子说，如果不玩这些玩偶玩具，它们会觉得难过，如果送给其他人玩，它们将不再寂寞。

所以，我们需要制定相应的规则，即定期和其他家庭交换，或是定期到跳蚤市场处理掉那些破旧的玩偶和不玩的玩具。

我们还应该和孩子好好沟通一下，对于那些坏了或脏了的玩具，如果耗费不少的人力和财力修理好，修好以后还会玩吗。我们要明确告诉孩子，修好以后继续玩、现在立即处理掉，只有这两种方式可选。

事实上，很多家都乱得像垃圾场一样。究其原因，就在于**自己无法决定该如何处理废旧物品。**

说一千道一万，首先我们自己要以身示范。先看看家里的废旧家电是否处理好，再检查自己的各种衣物是否收纳好。只有自己做到了，才能让别人做到；只有自己的做法无可指责，才能让自己的话语有说服力。

Q4

爷爷奶奶总给孩子买买买，倍感无奈

A

爱孙心切可以理解，但该说的话我们还是要说。

宝妈和公婆之间的婆媳关系，因每个家庭情况的不同而不同。一般来说，如何和公婆交流沟通，是一个非常现实的问题。和我们自己的爸爸妈妈交流沟通，倒还好说，和公公婆婆交流沟通，则要好好考虑一下表达方式。

第一，与其送孩子"物品"，不如送孩子"体验"。

第二，与其给孩子买太多物品，使其喜新厌旧，不如只给孩子买非常必要或非常喜欢的物品，并在买之前询问我们的意见，以避免浪费。

第三，与其一次性地买齐一套玩具、一系列丛书，不如循序渐进，逐一地购买，以保持孩子的新鲜感。

第四，与其不考虑类型、颜色、尺寸直接购买，不如先考虑这些物品与室内设计是否相称，再做决定。

如果难以启齿，或者即使说了也不会有人听，那我们可以采用比较委婉的处理方式。

第一，对于爷爷奶奶给孩子买的多余衣物，让孩子穿上拍照留念后作二手处理。

第二，对于孩子不喜欢的物品，坚决不拆封。

第三，对于难以交流沟通的公婆，拜托丈夫和孩子劝说他们不要总是买买买。

爱孙心切可以理解，但交流沟通也不可或缺。交换彼此的看法，处理冗杂的物品，一切都将变得简单而轻松。

Q 5

丈夫是购物狂或有收集癖，令人发愁

A

好言相劝或制定规则，不要超过丈夫可以接受的程度。

购物狂有很多种类型，比如下面两种。

压力大且赚钱多，盲目疯狂购物，这是一种常见的类型。对于这一类型，与其不让丈夫购物，不如让他收纳好所买物品。等他发现无处收纳，就会控制自己的购物欲。

顾家男人爱操心，狂买生活用品，也是一种常见的类型。对于这一类型，我们要拿数据说话，告诉丈夫生活用品已足够多。当他明白了这一现状，问题就会得以解决。

丈夫和孩子不同，他们有时候是一个家庭的支柱。所以，有不少丈夫认为，用自己赚的钱买自己喜欢的物品，何错之有？

因此，我们要好言相劝，制定规则，既尊重丈夫的想法，又把握言行的尺度。选择一个合适的表达方式，给丈夫一个台阶下。与其冷漠甚至严厉地说"不许买"，不如平和甚至温柔地说"亲爱的别再买了好不好呀"。当然，必要时也要给丈夫一些压力，"你买这么多东西，那还哪有钱给孩子交学费啊"。

收集癖也有很多种类型，比如下面三种。

随手乱丢型、整理收纳型、陈列展示型。

如果丈夫是随手乱丢型，那就和他一起选择合适的方式和工具，把那些收藏品整理收纳或陈列展示。这样一来，重复藏品就会大大减少。

如果丈夫是整理收纳型或陈列展示型，那就要表扬他的好习惯，希望他也可以对孩子和家务更上心。这样一来，居家环境就会日臻完善。

Q 6

孩子的照片视频占满手机，无计可施

A

制定"删除"的规则，创造全家参与的机会。

拖延是整理收纳的大敌，而整理收纳是一个持续的过程。如果"现在"能立即整理收纳，那后续的工作就会变得容易得多。

如果孩子的照片和视频占满了手机的内存空间，那就有必要明确"删除时间"。我给自己制定的删除规则是，在每天等车的时间删除 10 到 20 张照片。但也要随机应变，如果等车时间较长，就删除 30 张照片。

至于冲洗出来的照片，我建议放在比照片尺寸稍大的小整理箱里。节约空间，大量收纳。比起放在相册里，后续的处理会方便得多。

此外，不要对那些留存下来的照片置之不理。为了能够及时、迅速地找到某一年的照片，我建议在照片上贴好标签。在元旦节、春节、儿童节、家人生日的时候，全家一起欣赏照片，找寻一点一滴的回忆，体味不一样的温馨。

我们可以把整理照片的工作，拜托给赋闲在家的爸妈和公婆，把扫描存档、制作电子相册的工作，拜托给擅长电脑的丈夫。发现并发挥每个人的优势，我们的工作就会变得格外轻松。这样一来，无论我们多么忙碌，都依然能够收拾好照片。随着时间的推移，我们会发现，当时给孩子拍的照片大多相似。这正是孩子的照片视频占满手机的主要原因。

如果连照片都无暇整理，那视频就更不必说了。要么下决心删掉不必要的视频，要么交给爸妈和公婆整理。对老年人来说，在整理孩子的视频的过程中，能够重温孩子成长路上的点点滴滴，这不只是一项工作，更是一份礼物。

果断抉择，利落整理，多创造全家参与的机会，给自己的身体和心灵放个假。

Q 7

小玩具和小贴纸无处不在，着实心烦

A

 切记三要点——收纳、沟通、规则。

①收纳。

孩子在一两岁的时候，往往拥有大小不一的各种玩具。像积木之类的小玩具，混杂在大玩具之中，就会显得凌乱不堪。在这样的情况下，我建议准备一个专门收纳小玩具的开放式收纳箱，引导孩子主动去收纳。随着孩子一天天长大，收纳用品也要从简单变得复杂：开放式收纳箱→抽屉→封闭式收纳箱……循序渐进，帮助孩子养成热爱整理收纳的好习惯。

②沟通。

我们要告诉孩子乱丢小玩具，会有什么样的结果。"如果爸爸妈妈踩到了这些小玩具，会伤到脚的""如果宝宝误食了这些小玩具，会很危险的""如果这些小玩具被吸入了吸尘器，会找不到的"……学会沟通，把家人和自己的困扰，耐心地告诉孩子。

③规则。

如果孩子上了小学，家里就会平添一些文具、卡片、扭蛋、贴纸等。我们要和孩子约定，如果自己不能收纳好，即使再便宜也不能买。

　　如果系列贴纸迟早都会买，与其每次只买一小张不如一次性买一系列；如果吸尘器吸走了床上的小玩具或小贴纸，不许抱怨；如果不希望想玩的时候找不到，每月要确认一次桌下和沙发下是否有小玩具和小贴纸。另外，折纸不可以和其他物品混在一起，必须单独放在空的点心盒子里，装满一盒就要及时处理。

　　如果孩子上了中学，家里还会平添很多首饰、化妆品和更多的文具。因为孩子在上小学时已经养成了热爱整理收纳的好习惯，所以我们无须再为这些物品操心。在整理收纳的过程中，孩子走向了自立。

Q8

上小学的儿子常丢三落四，又气又恨

全家联动，孩子从此告别丢三落四的坏毛病。

对于孩子常常丢三落四的问题，生气和责骂是无济于事的。

如果是孩子课上所需的学习用品，那我们不仅要尽早买，还要和孩子一起核对记事本上的记录，以防漏买错买；如果某一天下班比较晚，那我们要向孩子的同班同学的父母，咨询老师布置的课后内容，以防忙中出错。

把孩子第二天带往学校的物品，集中放在一个固定的位置。如果没有固定的位置，别说是孩子，就算是大人也会丢三落四。

我们还可以在便利贴上写明物品清单，用曲别针将便利贴别在孩子的书包上。

对于孩子从学校带回来的讲义、作业和需要家长签字的文件，到家以后要及时取出，处理好后要及时放回。亲子联动，事半功倍。

那么，除我们以外的其他家人，能帮上什么忙吗？

当然可以。如果是校服、饭盒等物品，可以让孩子兄弟姐妹间互相提醒和确认；如果是老师布置的课后作业，可以让孩子在完成作业后向爷爷奶奶打电话汇报。全家联动，万无一失。

此外，我们还要思考，孩子为什么总是丢三落四？是因为对学校的事不上心？还是因为凌乱不堪的居家环境碍事？还是因为视力差看不清黑板？针对不同的原因，选择合适的对策。

无论是什么事，都要赶早不赶晚。今日事，今日毕，莫待来日，匆匆忙忙。

　　当我沉浸在初为人母的喜悦之中时，还对"整理收纳"的概念一无所知，只是热衷于改变居家环境，收纳各种物品。然而，家里的环境依然凌乱不堪。明明充满热爱，却总是心烦意乱。明明很下工夫，却往往事与愿违。

　　于是，我陷入了深深的自我质疑——我是不是一个没用的妈妈？但转瞬之间，我告诉自己，不，这不怪自己，都怪丈夫和孩子袖手旁观，不来帮忙。在这样的自问自答中，我度过了迷茫的每一天。

　　事情的转折点，出现在我家孩子上初中的那年。因为一次偶然的机会，我有幸参加了某个整理收纳方面的讲座，并从中得到了不少有益的建议。在将其付诸实践之后，我发现生活渐渐出现了可喜的变化。

　　其一，由于我掌握了一些整理收纳方面的基本知识，我开始明白了家里凌乱不堪的原因，找到了解决这一问题的方法。家里的环境虽说不会像施了魔法一样焕然一新，但总归是在向好的方向发展。比起环境变得美好，令我更加欣喜的是内心变得平静。

　　其二，家人开始逐渐地参与到整理收纳的工作中。人们常说，父母是孩子的第一任老师。当孩子看到我们一丝不苟地整理收纳的样子，看到我们为热爱的事业奋斗不息的身影，一定会从中受到触动和启发。随着孩子一点点长大，他们也会参与其中，甚至会萌生出极具创意的想法。

本书汇总了关于整理收纳的一些方法，希望宝妈们能够从中获得一定的帮助，选择适合自家的方式，应用于实际生活之中。整理收纳不只对大人，对孩子同样影响深远，能够为孩子日后长大成人、独立生活打下坚实的基础。孩子笨手笨脚地整理收纳，就是他们走向自立、走向成熟的第一步。别再说"赶快收拾"，不再催家人、分类整理、规划收纳、制定规则。我们将从此过上更加美好的生活，也将收获新的成长。

在本书的最后，请允许我对本书成书的帮助者们，致以诚挚的谢意，我还要感谢我的家人和朋友给予我大力支持。谨此致谢！

友波驱